고양이 보나가 소개하는

세상 달콤한 홈메이드 디저트

BA BI BU BE BONA SAN : OISHII OKASHI NO OTOMODACHI by Masaki Higuchi

Original Japanese edition published by EDUCATIONAL FOUNDATION BUNKA GAKUEN BUNKA PUBLISHING BUREAU

This Korean edition is published by arrangement with
EDUCATIONAL FOUNDATION BUNKA GAKUEN BUNKA PUBLISHING BUREAU, Tokyo
in care of Tuttle-Mori Agency, Inc., Tokyo through AMO Agency, Seoul..

고양이 보나가 소개하는

세상 달콤한 홈메이드 디저트

히구치 마사키 지음

베가북스
VegaBooks

Introduction

보나는 보송보송한 회색 털에 동그란 얼굴을 한 고양이에요.

'많이 드세요!' 라는 뜻의 프랑스어인

'bon appetit(보나페티)' 에서 이름을 따왔죠.

보나의 집에는 다른 동물 친구가 없지만, 외롭지 않아요.

휴식 시간만 되면 어김없이 등장하는

케이크나 빵이 보나의 흥미를 끌기 때문이에요.

집사가 손수 만든 디저트들은 침이 꼴깍 넘어갈 정도로

모두 맛있어 보이지만, 보나의 간식은 아니랍니다.

하나, 하나, 탄생할 때마다 가슴이 뛰는,

언제나 사랑스럽고 즐거운 '친구' 예요.

이 책에는 보나의 이름처럼 'ㅂ' 이 들어가는 디저트 친구들을 한데 모았습니다.

모양과 맛은 물론 태어난 곳도 제각각이지만,

보면 볼수록 애착이 가는 친구들이죠.

보나와의 관계를 상상하며 써 내려가면서

특별한 레시피를 완성했습니다.

요리에는 사람처럼 탄생 과정과 그에 따른 성격이 있어요.

고양이나 강아지 같은 반려동물도 마찬가지랍니다.

그들만의 다양한 이야기를 지니고 있죠.

반려동물과 함께 하는 일상의 모습을 가득 담아 글을 쓰면,

절로 미소가 피어날 정도로 사랑스럽고 재미있는 책이

완성되지 않을까 하는 생각이 문득 들었어요.

변덕스러운 고양이와는 대화나 의사전달을 거의 할 수 없지만,

비교적 차분한 성격을 지닌 보나와는

달콤한 브레이크 타임을 함께 즐길 수 있었습니다.

그 경험을 바탕으로 보나가 만난 디저트의 레시피를 책에 담아 구성했어요.

보나의 둘도 없는 친구들인 따끈따끈한

케이크와 빵을 만들어 온 가족이 함께 즐겨보세요.

[Attention] 이 책의 레시피는 반려동물을 위한 것이 아닙니다.

Contents

Introduction ———— 4 - 5

№ 1 바바 양 【Babà bouchon】 나폴리 소녀들 ———— 8 - 9

№ 2 뷔뉴 양 【Bugnes lyonnaises】 리옹의 말괄량이 소녀 ———— 10 - 11

№ 3 비스퀴 드 사부아 언니 【Biscuit de Savoie】 사부아 지방의 파티시에 언니 ———— 12 - 13

№ 4 비체린 오빠 【Bicerin】 토리노의 바리스타 ———— 14 - 15

№ 5 브루티 【Brutti ma buoni】 이탈리아의 장난꾸러기 아이들 ———— 16 - 17

№ 6 보스톡 선배 【Bostock】 파리 빵집의 선배 ———— 18 - 19

№ 7 바브카 군 【Chocolate babka】 뉴욕 도시남 ———— 20 - 21

№ 8 바스크 오빠 【Basque cheese cake】 피레네의 씩씩한 오빠 ———— 22 - 23

№ 9 보스턴 아저씨 【Boston cream pie】 보스턴 왕년의 챔피언 ———— 24 - 25

№ 10 범블 아주머니 【Bumbleberry pie】 보스턴 아저씨의 부인 ———— 26 - 27

№ 11 브리우앗 씨 【Briouates】 모로코 예술가 ———— 28 - 29

№ 12 빅토리아 공주 【Victoria sandwich】 런던의 공주님 ———— 30 - 31

№ 13 벨지언 씨 【Belgian bun】 신비주의 피에로 — 32-33

№ 14 보쉬 군 【Bossche bol】 네덜란드의 눈싸움 놀이 친구 — 34-35

№ 15 부흐텔른 오빠 【Buchteln】 오스트리아에 사는 오빠 — 36-37

№ 16 부르들로 아주머니 【Bourdelot】 프랑스 농장 아주머니 — 38-39

№ 17 베어 클로 군 【Bear claw】 로키산맥에 사는 재롱둥이 친구 — 40-41

№ 18 베라베카 【Beerawecka】 알자스의 겨울 친구 — 42-43

№ 19 베이글리 씨 【Beigli】 헝가리 양치기 — 44-45

№ 20 보나 사블르 【Bona sable】 이 책의 주인공 — 46-47

№ 21 블렌더 씨 【Blender】 위엄있는 아이언맨 — 48

№ 22 버터 씨 【Butter】 맛의 결정 포인트 — 49

레시피에 대해서 — 51

보나의 열두 달 — 88-99

BONA'S FRIEND
Nº 1

Babà

바바 양

귀여운 바바 양은 나폴리에서 인기가 정말 많아요.
남부 이탈리아의 분위기를 물씬 풍기는
밝고 청량한 친구거든요.

와인 코르크 마개와 꼭 닮은 반죽에
럼 시럽을 듬뿍 적시면 어른들의 달콤한 디저트가
완성되죠. 빵에 기다란 칼집을 넣은 뒤,
그 사이에 휘핑크림을 한가득 채워 드셔보세요.

Babà bouchon
바바부숑

From: ITALY
Recipe: p.52

BONA'S FRIEND
Nº 2

Bugne
뷔뉴 양

언제나 밝은 말괄량이 소녀는 사뿐, 사뿐 춤을
추며 달콤한 향기를 퍼트립니다.

프랑스 리옹의 뷔뉴는 봄을 축복하는
축제에서 즐겨 먹는 도넛이에요.
갓 튀겨낸 반죽에 슈거 파우더를 듬뿍 얹죠.
기분 좋은 시트러스 향이 은은하게 퍼지면
주변에 있던 모든 사람이 행복해져요.

Bugnes lyonnaises
뷔뉴 리오네즈

From: FRANCE
Recipe: p.53

BONA'S FRIEND

No 3

Biscuit de Savoie

비스퀴 드 사부아 언니

프랑스 사부아 지방의 파티시에인 비스퀴 드 사부아 언니는
유서 깊은 가문의 아가씨입니다. 기품있고 부드러운 분위기에
온화하고 상냥한 성격을 지니고 있어 누구에게나 사랑받아요.
그런 비스퀴 드 사부아 언니를 보나는 동경하고 있답니다.

비스퀴 드 사부아의 재료는 심플하지만,
그 과정은 굉장히 세심하죠. 달걀노른자와 흰자를 분리해
거품을 내주어 우아한 풍미의 스펀지케이크로 구워냅니다.
이런 작업도 보나는 동경의 눈길로 바라보지요.

Biscuit de Savoie
비스퀴 드 사부아

From: FRANCE
Recipe: p.54

BONA'S FRIEND
No 4

Bicerin

비체린 오빠

이탈리아 토리노의 비체린 오빠는
카페와 초콜릿의 도시에 잘 어울리는 바리스타입니다.
여느 때와 같은 일상 이야기부터 동네 축구 클럽의
이야기, 그리고 궁금증을 자아내는 사랑 이야기까지 더해
분위기를 한껏 띄우곤 하지요. 조잘조잘 끊이지 않는
이야기들을 한가득 해주며 이탈리아 바에서만
느낄 수 있는 휴식을 선사합니다.

아담한 잔 안에 진한 향과 풍미가 매력적인 에스프레소와
부드럽고 달콤한 맛의 핫초콜릿, 오밀조밀 거품을 낸
우유가 3층으로 겹겹이 쌓여 있어요.
마치 재미있는 이야기들처럼 말이에요.
한 모금 마시면 특유의 깊은 맛을 느낄 수 있어요.
보나도 비체린 오빠의 이야기를 함께 듣고 싶어요.

Bicerin
비체린

From: ITALY
Recipe: p.56

BONA'S FRIEND
Nº 5

Brutti

브루티

달걀흰자의 바삭함을 즐기며 장난꾸러기들이 와삭와삭 먹어요.
꾸밈없이 소박한 얼굴을 한 거리의 뛰노는 아이들.
북부 이탈리아 작은 마을의 머랭 쿠키는 심플한 재료와
복잡하지 않은 단순함으로 처음 베이킹을 시작하는 분들에게
꼭 맞는 디저트 중 하나입니다.

'브루티 마 부오니'라는 이름은 '못생겼지만, 맛있어'라는 의미로
보나도 브루티를 보면 왠지 모르게 친근감이 느껴져 두근거리곤 해요.

Brutti ma buoni
브루티 마 부오니

From: ITALY
Recipe: p.58

BONA'S FRIEND

Nº 6

Bostock

보스톡 선배

프랑스 어느 한 빵집의 아이디어로 탄생한 가성비
최고를 자랑하는 보스톡 선배.
'선배'라고 불리는 건 특별한 이유가
있기 때문이랍니다. 빵집에서 팔다 남은
브리오슈를 다음 날에도 맛있게 먹기 위해
고안하여 만든 것이 바로 이 보스톡이거든요.
하루 전날 것이라 나이가 더 많아
선배가 된 거죠.

재활용된 것이라고는 하지만,
시럽을 바르고 아몬드 크림과 슬라이스 아몬드를
얹어 한 번 더 구워냈기 때문에 향도 맛도 정말
끝내줘요. 빨리 입에 넣고 싶어져 다음날까지
기다리기 힘들 정도예요.
그만큼 보나가 무척 동경하는 선배입니다.

Bostock
보스톡

From: FRANCE
Recipe: p.60

BONA'S FRIEND
No 7

Babka

바브카 군

알록달록 야성적인 줄무늬를 지닌 바브카 군은
사실 뉴욕의 거리를 활보하는 '차도남'이에요.

깊은 맛을 낸 반죽에 초콜릿과 견과류를 곁들인 후
구워내면 매력적인 볼륨을 자랑하는 빵이 완성됩니다.
겹겹이 쌓인 풍미로 항상 보나의 눈길을 사로잡아요.

Chocolate babka
초콜릿 바브카

From: U.S.A
Recipe: p.62

BONA'S FRIEND

No 8

Basque

바스크 오빠

노릇하게 구워진 담대한 표정의 바스크 오빠는
스페인 피레네 출신이에요.
산기슭 마을에 있는 바에서 일하며 타파스, 와인과
함께 사랑받고 있는 인기남이랍니다.

투박한 질감으로 마무리되었지만, 속 반죽은 촉촉하고
부드러움이 가득해요. 깔끔한 산미와 달콤함,
그리고 윗면의 고소함이 어우러지면 최고의 풍미를 자아내요.
고급스러운 어른들의 맛이라고 할 수 있어요!

Basque cheese cake
바스크 치즈 케이크

From: SPAIN
Recipe: p.63

미국 북동부의 큰 마을, 보스턴에서 사는 아저씨로
마을 사람들은 그를 언제나 믿고 따라요.
매력적인 볼륨에 달콤한 비주얼이 사람들의 마음을 사로잡지만,
칼로리는 가히 슈퍼 헤비급이죠. 왕년에 그 누구도 당해낼 자
없었던 천하무적 챔피언이었다는 증거예요.

묵직하고 압도적인 반죽 사이에 부드러운 커스터드 크림을
듬뿍 채우고 위에서부터 천천히 초콜릿을 얹어 마무리!
다이어트와는 거리가 먼 남자 중의 남자라고 할 수 있어요.

Boston cream pie
보스턴 크림 파이

From: U.S.A
Recipe: p.64

BONA'S FRIEND
No 9

Boston

보스턴 아저씨

Bumble

범블 아주머니

미국의 전통적인 맛을 느끼게 해주는 범블
아주머니는 보스턴 아저씨의 부인이랍니다.
달콤함을 살짝 줄인 범블 아주머니는
식탁 예절에 대한 잔소리를 많이 해요.
먹기 전에 깨끗이 손을 씻어야 한다거나,
두 손 모아 "잘 먹겠습니다!" 라고
감사 인사를 꼭 해야 한다고 말하죠.

범블베리는 블루베리, 스트로베리 같은 다양한
종류의 베리를 혼합한 믹스트 베리를 뜻해요.
범블베리 외에도 사과나 루바브를 곁들여
파이를 만들어도 좋아요.
예전부터 전해 내려오는 홈메이드 레시피랍니다.

Bumbleberry pie
범블베리 파이

From: U.S.A

Recipe: p.66

BONA'S FRIEND
Nº 11

Briouates

브리우앗 씨

Briouates
브리우앗

From: MOROCCO
Recipe: p.68

모로코에 사는 브리우앗 씨는 모자이크 예술가예요.
삼각형의 타일을 솜씨 좋게 조합하여 일상에서
감상할 수 있는 아름다운 장식을 선사해줍니다.
보나의 오뚝하게 선 귀와도 판박이예요.

겉에 꿀을 듬뿍 발랐지만, 바삭함은 그대로
살아있습니다. 속에는 촉촉한 아몬드 앙금을 채운 뒤
바싹 튀겨 뛰어난 풍미를 자랑하죠.
매력적이고 특별한 맛이 일품인 디저트입니다.

Victoria sandwich
빅토리아 샌드위치

From: U.K.
Recipe: p.70

BONA'S FRIEND
Nº 12

Victoria

빅토리아 공주

대영제국 여왕님의 이름을 물려받은 빅토리아 공주님.
다 함께 테이블에 둘러앉아 이야기를 나누며
애프터눈 티를 즐기는 걸 좋아한답니다.

소박하고 심플한 스펀지케이크와 라즈베리 잼의 조합은
그 옛날 추억의 맛을 떠오르게 하죠. 한 입 넣는 순간
모두가 여왕이 된 기분을 느낄 수 있어요.
보나도 같은 영국 출신이기 때문에 그 기분을
잘 아는 것 같아요. 보나가 좋아하는 빅토리아 샌드위치,
한 입 드셔보시겠어요?

Belgian bun
벨지언 번

From: U.K.
Recipe: p.72

하얀 가면에 빨간 코를 한 피에로 벨지언 씨.
왠지 모르게 정감이 가고 애교가 넘쳐 눈을 뗄 수 없는 친구입니다.
태어난 곳은 알 수 없고, 벨기에 왕국과의 관계도 미스터리.

두껍게 올린 매력적인 아이싱과 눈을 사로잡는 드레인 체리로
원포인트 장식을 한, 맨얼굴을 꼭꼭 숨긴 신비주의 디저트 빵이에요.
반죽 사이에 채워진 레몬 커드와 건포도의 참을 수 없는
새콤달콤함을 느껴보세요.

BONA'S FRIEND

No 13

Belgian

벨지언 씨

보나의 얼굴 크기와 거의 차이가 없는 보쉬 군.
초콜릿을 입은 뾰로통한 얼굴로 항상 보나와
눈싸움 놀이를 합니다. 돌아보면 늘 이런 풍경이죠.
자, 승패가 결정 났네요.

솔직 담백한 네덜란드 사람들에게 인기 있는
명물 디저트 보쉬 볼. 초콜릿으로 코팅된 오동통한
슈 속에는 생크림 휘핑이 가득 들어 있어요.
한 입 베어 물면 모두의 얼굴에 미소가 번진답니다.

BONA'S FRIEND
№ 14

Bossche
보쉬 군

Bossche bol
보쉬 볼

From: HOLLAND
Recipe: p.74

BONA'S FRIEND
Nº 15

Buchteln

부흐텔른 오빠

울퉁불퉁해서 뭉글진 식스팩과 닮은 부흐텔른 오빠.
알고 보면 폭신폭신 부드러운 촉감을 지닌
상냥함이 넘치는 친구랍니다.

한 조각을 손으로 쭉 뜯었을 때 의외로 묵직한 무게감이 느껴져요.
속에는 달콤함이 가득! 오스트리아 현지에서는 부흐텔른 속에
플럼 같은 과일 잼을 넣어 디저트로 즐깁니다.
여기서는 보나의 집사가 좋아하는 팥앙금을 넣어
앙금빵으로 탄생했지만요.

Buchteln
부흐텔른

From: AUSTRIA
Recipe: p.76

프랑스 사과 농장의 친절한 부르들로 아주머니는
모두를 아낌없이 따뜻하게 감싸 안아줍니다.
가을철 수확 시기에 도와드린다면, 보답으로 솜씨가 뛰어난
아주머니의 맛있는 요리를 맛볼 수 있을지도 몰라요.

부르들로는 사과를 통째로 반죽에 감싸 구워낸 것이에요.
가을의 깊은 풍미를 느낄 수 있죠. 작은 가을을 찾아내는 것은
보나의 솜씨! 이 계절에는 식욕을 멈출 수 없습니다.

Bourdelot
부르들로

From: FRANCE
Recipe: p.78

BONA'S FRIEND
Nº 16

Bourdelot

부르들로 아주머니

로키산맥에 사는 베어 클로 씨의 아들은
야구 글러브 같은 커다란 손에 항상 꿀을
흠뻑 묻히고 있는 장난꾸러기입니다.

베어 클로는 도넛 반죽에 칼집을 넣어 곰 발바닥 모양으로
기름에 튀겨내 허니 글레이즈를 듬뿍 바른 달콤한 디저트 빵이에요.
원조 베어 클로는 훨씬 더 크지만, 보나의 집에서는 사과 필링을
가득 채워 만들기 쉽고 먹기 편한 아기곰 발바닥 사이즈로
만들었어요. 보나의 놀이 친구로도 딱이랍니다.

Bear claw
베어 클로

From: U.S.A
Recipe: p.80

BONA'S FRIEND

Nº 17

Bear claw

베어 클로 군

BONA'S FRIEND

Nº 18

Beerawecka

베라베카

겨울의 시작을 알려주는 요정 같은 베라베카.
'배의 빵'이라는 의미를 지닌 프랑스 알자스의 크리스마스 디저트예요.
예로부터 이어져온 베라베카는 본래 소박하게 뭉쳐놓은 모양이지만,
보나의 집에서는 동그란 리스 모양으로 만들었어요.
벽에 장식해 천천히 숙성시키면서 크리스마스를 기다려봅니다.

가을에 수확해 보관해두었던 배를 비롯한
각종 과일과 견과류를 소량의 반죽에 섞어 만든 베라베카.
그윽한 배의 향이 적절히 어우러지면서
깊은 풍미를 느낄 수 있어요.

Beerawecka
베라베카

From: FRANCE
Recipe: p.82

Beigli
베이글리

From: HUNGARY
Recipe: p.84

BONA'S FRIEND
Nº 19

Beigli

베이글리 씨

빙글빙글 회오리 모양의 베이글리 씨는 양치기입니다.
화려한 양치기 기술로 많은 어린 양을 다룬다고 합니다.
실제로 그 모습을 본 적은 없지만, 다가가면 다칠 수 있으니
보나는 조심스럽게 책상 밑에 가만히 웅크립니다.

헝가리 가족들에게 전통적으로
사랑받는 크리스마스 디저트인 베이글리.
까맣게 돌돌 말린 부분은 포피씨드를 달콤한
페이스트로 만든 것이에요. 바삭한 반죽과 함께
곁들여 개성 만점인 맛을 느낄 수 있죠.
베이글리의 맛과 식감에 폭 빠져들면
쉽게 헤어나올 수 없답니다.

Recipe: p.86

BONA'S FRIEND
№ 20

Bona sable

보나 사블르

마음에 드는 고양이 실루엣의 틀을 사용해
심플한 반죽으로 만드는 클래식한 사블르.
반죽을 얇게 펴주면 야무지고 날씬한 냥이가 탄생하고,
살짝 두껍게 펴주면 오동통한 뚱냥이가 돼요.
베이킹 정도를 조절하면 털 색깔도 다양하게
변신할 수 있어요. 포동포동 사랑스러운 모습과
다리와 털끝에 올라오는 노르스름한 색감이 취향 저격!

BONA'S FRIEND

Nº 21

Blender

블렌더 씨

위엄이 느껴지는 중후한 아이언 블렌더 씨가
집에 온 뒤 집사가 디저트와 빵 만들기를 즐거워하기 시작했어요.
천천히 위잉 돌아가는 소리와 진동은 마음이 편해지지만,
속도를 올리면 다가가기가 조금 무서워요.
이런 튼튼한 블렌더와 믹서기가 유럽과 미국에서는 주류를
이루고 있다고 해요. 매끄러운 반죽을 만드는 작업이나 뿔이
서는 머랭의 거품을 낼 때 멋지게 활약 중이라고 하네요.

BONA'S FRIEND
No 22

Butter

버터 씨

냉장고에서 나온 버터 씨가 반나절 정도 테이블 위에 놓여있다면,
그것은 베이킹이 시작된다는 가슴 설레는 신호. 가끔은 달걀 씨도 옆에 함께 있지요.
버터를 사용할 때는 부드럽지만 녹지 않은 상태로 사용하는 것이 핵심!
버터는 반죽의 농도와 재료가 잘 섞이느냐 마느냐를 좌우하기 때문에 무척 중요해요.
디저트의 완성도에 크게 영향을 미치는 포인트랍니다.
바삭함과 촉촉한 식감을 결정하는 것도 버터의 역할 중 하나예요.
발효 버터 같은 질이 좋은 버터를 선택한다면, 유명 베이커리의 맛에 가까워질 수 있어요.

Recipe

Chef's message

보나의 친구로 소개한 세계 각지의 디저트들.

각지에서 사용되는 구하기 힘든 재료나

어려운 조리법은 최대한 생략하고,

일반 가정에서도 손쉽게 만들 수 있도록

레시피를 각색했습니다.

자녀분들의 간식으로,

그리고 반려묘 같은 반려동물이 있는 가정에서는 그 아이들의 친구로서,

즐겁게 디저트를 만들어 행복한 베이킹을 즐기시기 바랍니다.

[레시피에 대해서]

· 버터는 무염 버터를 사용했습니다.
· 달걀은 대란(껍질 제외 약 50g)을 사용했습니다.
· 베이킹파우더는 알루미늄 프리를 사용했습니다.
· 1컵 = 200㎖, 1큰술 = 15㎖, 1작은술 = 5㎖입니다.
· 오븐은 전기 오븐을 사용했습니다.
  모델에 따라서 가열 시간에 다소 차이가 있을 수 있으므로, 상태를 보며 조절해주세요.
· 조미료 분량 중 '한 꼬집' 은 엄지와 검지, 중지 세 손가락으로 집은 정도의 분량입니다.
· 적당량은 알맞은 정도의 분량입니다.

※ 이 책은 반려동물이 먹을 것이 아닌, 사람이 먹는 디저트 레시피를 소개합니다.

Babà bouchon

바바 부숑 → p.8-9

이탈리아 나폴리의 명물 디저트인 바바 부숑은 와인 코르크 마개와 닮은 듯한 귀여운 모양을 지녔어요.
럼 시럽이 듬뿍 스며든 독특한 풍미가 인기를 얻으면서 프랑스 사바랭을 비롯해
동유럽 각국 등에서도 다양한 형태로 사랑받고 있는 디저트입니다.

6

[재료] 바바 팬
(직경 4×높이 4cm) 12개구 분량

반죽
- 중력분 250g
- 달걀 2개
- 버터 50g
  ※버터는 실온에 두어 부드럽게 만든다.
- 그래뉴당 40g
- 드라이 이스트 3g
- 우유 80㎖

럼 시럽
- 그래뉴당 300g
- 물 800㎖
- 럼주 200㎖

토핑
- 체리(캔) 12개
- 살구잼 50g
- 럼주 20㎖
- 휘핑크림 적당량

[레시피]

1 반죽 재료를 믹싱 볼에 넣고 고무 스패출러로 섞는다. 반죽 상태가 부드럽게 늘어날 정도로 살짝 묽어지면, 물기를 꽉 짜낸 젖은 헝겊을 덮어 약 30℃의 공간에서 1시간 정도 발효시킨다.

2 고무 스패출러를 사용해 반죽 안의 가스를 빼고, 짤주머니에 넣는다. 버터(분량 외)를 칠한 팬에 반 정도 반죽을 짜 넣은 뒤 약 30℃의 공간에서 1시간 정도 더 발효시킨다.

3 오븐 팬 위에 간격을 띄워 올려준 다음 220℃로 예열한 오븐에 15분 정도 굽는다. 다 구워지면 팬에서 꺼내 망에 올려 식힌다.

4 냄비에 물과 그래뉴당을 넣어 중불에 올린다. 보글보글 끓으면 불에서 내린 뒤 잔열이 식을 때쯤 럼주를 넣어 섞어주고 약 45℃가 될 때까지 식힌다.

5 완성된 시럽에 **3**을 적신다. 시럽이 안까지 충분히 스며들면 망에 올린다.

6 살구잼은 럼주로 녹여 부드럽게 만든 후 베이킹 브러시를 사용해 빵 표면에 잘 발라준다. 반죽에 세로로 긴 칼집을 넣어 그 사이에 휘핑크림을 가득 채우고, 마지막으로 체리를 올려 장식한다.

Bugnes lyonnaises

뷔뉴 리오네즈 → p.10-11

프랑스 리옹에서 열리는 축제에 가면 만나볼 수 있는 도넛.
얇은 반죽을 바삭하게 튀겨 낸 뷔뉴도 있지만, 이 책에서는 폭신폭신하게 튀겨낸 뷔뉴를 소개하고 있어요.
뷔뉴 리오네즈와 비슷한 튀김 형태의 디저트들은 오래전부터 유럽 각지의 축제에서 사랑받고 있답니다.

4

[재료] 간단히 만들 수 있는 분량

A
- 강력분 150g
- 달걀 1개
- 그래뉴당 20g
- 드라이 이스트 2g
- 소금 한 꼬집

버터 20g
※버터는 실온에 두어 부드럽게 만든다.
슈거 파우더 적당량
레몬 제스트 약간
오렌지 에센스 약간
샐러드유 적당량

[레시피]

1 **A**의 재료를 믹싱 볼에 넣고 가루 덩어리가 없어질 때까지 섞는다.
2 반죽판에 올려 부드러워질 때까지 잘 반죽하다가 버터와 오렌지 에센스, 레몬 제스트를 첨가해 치댄다. 들러붙지 않도록 박력분(분량 외)을 살짝 뿌려주며 부드럽고 윤기가 도는 반죽을 만든다.
3 반죽을 밧드에 담아 1cm 두께로 평평하게 펴준 뒤 랩을 씌워 냉장고에 넣고 약 1시간 정도 휴지한다.
4 완성된 반죽을 5mm 정도의 두께로 펴고, 파이 칼로 한 면이 4cm인 마름모 모양으로 잘라준다. 각 반죽의 가운데에 세로로 칼집을 넣은 후 양쪽 끝을 그 틈으로 넣는다.
5 **4**를 170℃로 가열한 샐러드유에 튀겨준다. 색이 노릇노릇해지면 건져내 망에 올려 기름을 쏙 뺀다. 마지막으로 슈거 파우더를 듬뿍 뿌려준다.

Biscuit de Savoie

비스퀴 드 사부아 → p.12-13

프랑스 사부아 지방의 스펀지케이크. 꾸밈없는 소박한 맛이 특징이죠.
크림이나 잼 등 취향에 따라 토핑을 추가하거나 마음에 드는 모양의 예쁜 틀로 구워 즐겨보세요.

[재료]

직경 15cm의 사부아 틀 1개 분량

박력분 50g
옥수수 전분 40g
달걀노른자 3개 분량
달걀흰자 3개 분량
그래뉴당 120g
버터 5g
슈거 파우더 적당량
레몬 제스트 약간
바닐라 에센스 약간

[레시피]

1 베이킹 틀 안쪽에 버터를 얇게 바르고 슈거 파우더를 균일하게 입힌 뒤 냉장고에 넣어둔다.
2 박력분과 옥수수 전분을 잘 섞은 후 체에 친다.
3 믹싱 볼에 달걀노른자와 그래뉴당 60g을 넣어 핸드 믹서로 잘 휘젓는다. 찰기가 있는 상태로 하얗게 올라오면 바닐라 에센스와 레몬 제스트를 첨가해 가볍게 섞어준다.
4 다른 믹싱 볼에 달걀흰자를 넣어 핸드 믹서로 거품을 낸다. 남은 그래뉴당을 넣어준 뒤 더욱 거품을 내 단단한 뿔이 생길 정도의 윤기 있는 머랭을 만든다.
5 **3**에 **2**를 넣어 고무 스패출러로 부드럽게 섞어준다.
6 **5**에 **4**를 넣어 고무 스패출러로 꼼꼼하게 섞어준다. **1**의 틀에 부은 다음, 틀을 2~3번 가볍게 들어 올렸다, 내리면서 반죽을 고르게 펴준다.
7 170℃로 예열한 오븐에 45분간 굽는다. 다 구워지면 틀에서 꺼내 망에 올려 식힌다. 마지막으로 슈거 파우더를 뿌려 완성한다.

CINZANO
1757

Bicerin

비체린 → p.14-15

이탈리아 토리노의 명물인 비체린은 에스프레소와 초콜릿, 스팀 우유를 3층으로 겹겹이 쌓은 따뜻한 음료예요.
이탈리아어로는 '작은 잔'이라는 의미를 지녔답니다. 가정에서 비체린을 만들기 조금 어려울 수 있지만,
에스프레소 머신을 사용해 바리스타 기분을 내며 한 번 즐겨보세요.

[재료] 180mℓ 잔 2개 분량

에스프레소 100mℓ
※ 더블 2잔 분량
초콜릿 60g
스팀 우유 100mℓ
우유 80mℓ
생크림 30mℓ

[레시피]

1 초콜릿을 잘게 부순 뒤 중탕한다. 초콜릿이 녹으면 생크림을 첨가해 함께 섞어 부드럽게 만든다.
2 작은 냄비에 우유를 넣어 끓기 직전까지 가열하고 **1**의 초콜릿을 소량씩 넣어주며 잘 섞어 고루 퍼지게 한다.
3 에스프레소 머신으로 에스프레소를 내린다.
※에스프레소 머신이 없는 경우에는 에스프레소 대신 인스턴트 커피(분말 100mℓ)를 살짝 진하게 녹여 사용해도 좋다.
4 에스프레소 머신의 스팀을 사용해 스팀 우유를 만든다.
※ 에스프레소 머신이 없는 경우에는 생크림(100mℓ)을 사용한다. 이때 생크림은 전체적으로 살짝 걸쭉하지만, 찍어봤을 때 길게 흐르듯이 떨어지는 정도의 농도로 만든다.
5 잔에 **2, 3, 4**를 순서대로 조심스럽게 넣어준다. 마지막으로 잘게 갈아낸 초콜릿(분량 외)을 뿌린다.

Brutti ma buoni

브루티 마 부오니 → p.16-17

울퉁불퉁 뾰로통한 표정의 머랭을 구워낸 쿠키.
바삭하게 부서지는 머랭에 견과류를 곁들여 식감을 강조했어요. 누구나 손쉽게 먹을 수 있는 친숙한 디저트죠.
못생겼지만, 최고의 맛을 느낄 수 있어 이탈리아 사람들은 브루티 마 부오니를 즐겨 먹어요.
견과류나 향을 조절해 다양한 풍미로 탄생시킬 수 있는 디저트입니다.

[재료] 간단히 만들 수 있는 분량

달걀흰자 2개 분량
슈거 파우더 100g
아몬드 50g
헤이즐넛 50g
소금 한 꼬집

[레시피]

1 아몬드와 헤이즐넛은 프라이팬에 가볍게 볶아준 다음 가루가 되도록 잘게 다진다.
2 믹싱 볼에 달걀흰자와 소금을 넣어 핸드 믹서로 거품을 낸다. 거품이 어느 정도 생겼을 때, 슈거 파우더를 첨가한 뒤 뿔이 단단하게 설 정도의 윤기 나는 머랭을 만든다.
3 **2**에 **1**을 넣어 고무 스패출러로 거품이 무너지지 않도록 잘 섞어준다.
4 팬 위에 오븐 시트를 깔고 숟가락으로 **3**을 소량씩 떼어 간격을 두고 나란히 올린다.
5 150℃로 예열한 오븐에 20분 정도 굽는다. 다 구워지면 망에 올려 식힌다.

Bostock

보스톡 → p.18-19

프랑스 빵집에서 팔고 남은 브리오슈를
다음 날에도 맛있게 먹을 수 있도록 고안해 만들어 낸 빵.
표면에 아몬드 크림을 바르고 슬라이스 아몬드로 장식해 한껏 풍성함을 더했습니다.

[재료] 8개 분량

크림
- 달걀 1개
- 버터 80g
  - ※ 버터는 실온에 두어 부드럽게 만든다.
- 슈거 파우더 80g
- 아몬드 파우더 80g
- 럼주 1작은술

브리오슈(볼록한 산 모양) 1개

시럽
- 그래뉴당 50g
- 물 50㎖
- 럼주 1작은술

토핑
- 슬라이스 아몬드 80g
- 슈거 파우더 적당량

[레시피]

1 믹싱 볼에 버터를 넣고 핸드 믹서로 저어 크림화한 뒤 슈거 파우더를 첨가해 잘 섞는다.

2 **1**에 곱게 푼 달걀을 3회에 걸쳐 넣어주는데, 넣을 때마다 잘 섞어준다. 그리고 아몬드 파우더와 럼주를 첨가해 고무 스패출러로 고루 섞은 뒤 랩을 씌워 냉장고에서 휴지시킨다.

3 작은 냄비에 그래뉴당과 물을 넣어 중불에 올린 후 끓으면 불을 꺼준다. 충분히 식힌 뒤 럼주를 섞어 시럽을 완성한다.

4 브리오슈는 8장으로 자르고 오븐 시트를 깐 팬 위에 나란히 올린다. **3**의 시럽을 브러시에 충분히 적신 뒤 브리오슈 앞면과 뒷면에 듬뿍 발라준다. 그리고 **2**의 크림을 브리오슈 앞면에 바르고 위에 슬라이스 아몬드를 가득 뿌려 장식한다.

5 180℃로 예열한 오븐에 약 20분 정도 굽는다. 다 구워지면 망에 올려 열을 식힌다. 마지막으로 슈거 파우더를 뿌려 완성한다.

※ 브리오슈는 물 대신 우유를 사용하고 달걀과 버터를 듬뿍 첨가해 깊은 풍미가 느껴지는 빵이다. 시중에 파는 식빵(5매입)을 대신 사용해도 좋다.

Chocolate babka

초콜릿 바브카 → p.20-21

오래전부터 동유럽에서 즐겨 먹던 달콤한 빵에서 탄생했어요.
현대에서는 초콜릿과 견과류 등을 한껏 곁들여 풍성한 디저트로 재해석해 뉴욕 베이커리에서 인기 있는 메뉴가 되었죠.
반죽을 꼬아 만든 덕분에 케이크 못지않은 존재감 있는 비주얼로 완성됩니다.
기본적인 로프형 외에 동그란 고리형으로 변형해 크리스마스 리스 느낌을 줄 수도 있답니다.

5

6

[재료] 식빵 틀 1개 분량

A
- 강력분 200g
- 달걀노른자(상온) 3개 분량
- 그래뉴당 50g
- 드라이이스트 3g
- 우유(상온) 90㎖

달걀노른자 ½개 분량
누텔라 150g
호두 80g
초콜릿 칩 60g
무염 버터 50g
※ 버터는 실온에 두어 부드럽게 만든다.
물 2작은술

[레시피]

1 **A**의 재료를 믹싱 볼에 넣고 가루 덩어리가 없어질 때까지 고무 스패출러로 섞는다.
2 **1**을 반죽판에 올려 매끄러워질 때까지 반죽하다가 버터를 첨가해 치댄다. 반죽이 들러붙지 않도록 박력분(분량 외)을 뿌려 부드럽고 윤기가 돌 때까지 반죽한다.
3 반죽을 믹싱 볼에 넣고 젖은 헝겊을 덮어 약 30℃의 공간에서 1시간 정도 두어 1차 발효를 시킨다.
4 반죽의 크기가 두 배 정도 되었을 때 반죽판으로 옮긴 후 충분히 가스를 빼준 다음 반죽이 30cm 정도 크기가 될 만큼 밀대를 이용해 사방으로 펴준다.
5 반죽 표면에 누텔라를 고루 바르고 잘게 다진 호두와 초콜릿 칩을 균일하게 뿌린다. 반죽 끝에서부터 천천히 말다가 끝나는 지점에서 브러시로 물(분량 외)을 발라 단단히 고정한다.
6 **5**의 반죽을 세로로 반 자른 뒤 두 반죽을 서로 맞대어 꼬아주며 틀 사이즈에 맞춘다. 버터(분량 외)를 바른 틀에 넣고 약 30℃의 공간에서 1시간 반 정도 두어 2차 발효한다.
7 달걀노른자와 물을 섞어 브러시를 사용해 6의 윗면에 발라준다. 180℃로 예열한 오븐에서 25분 정도 굽는다. 다 구워지면 틀에서 꺼내 망에 올려 식힌다.

Basque cheese cake

바스크 치즈 케이크 → p.22-23

스페인 바스크 지방의 치즈 케이크.
꼼꼼히 구워낸 표면에 고소한 캐러멜을 입혔어요.
캐러멜의 쌉쌀한 맛이 치즈의 풍미를 한껏 살려줍니다.
커피는 물론 와인과도 잘 어우러지는 맛입니다.

[재료]

직경 15cm 원형 팬 1개 분량

크림 치즈 300g
※ 실온에 두어 부드럽게 만든다.
박력분 8g
옥수수 전분 4g
달걀 3개
그래뉴당 100g
생크림(유지방분 45%) 150㎖
레몬즙 1작은술

[레시피]

1 믹싱 볼에 크림 치즈와 그래뉴당을 넣어 핸드 믹서로 부드러워질 때까지 잘 섞는다.
2 달걀을 풀어 **1**에 3회에 걸쳐 넣고, 넣을 때마다 핸드 믹서로 잘 저어준다. 여기에 생크림과 레몬즙을 첨가해 고루 섞는다.
3 박력분과 옥수수 전분을 함께 체에 거른 뒤 **2**에 넣어 꼼꼼히 섞어준다.
4 오븐 시트를 물에 적신 후 물기를 확실히 짠 다음 팬에 깔고 **3**을 흘려 넣는다.
5 220℃로 예열한 오븐에서 25분 정도 굽고, 윗면이 거뭇한 색으로 변할 때까지 굽는다. 완성되면 열을 식힌 후 냉장고에서 하룻밤 재운다.

Boston cream pie

보스턴 크림 파이 → p.24-25

미국 북동부의 대도시 중 하나인 보스턴에서 오래전부터 사랑받아 온 보스턴 크림 파이.
스펀지케이크 사이에 한가득 커스터드 크림을 채워 넣고,
위에는 초콜릿 글레이즈를 얹어낸 진한 질감의 케이크입니다.

6

[재료]

직경 15cm의 원형 팬 1개 분량

반죽

- 박력분 200g
- 슈거 파우더 150g
- 베이킹파우더 5g
- 달걀 2개
- 버터 120g
  ※ 버터는 실온에 두어 부드럽게 만든다.
- 우유 120㎖
- 바닐라 에센스 약간

커스터드 크림

- 옥수수 전분 30g
- 달걀노른자 3개
- 그래뉴당 60g
- 우유 350㎖
- 바닐라 에센스 약간

글레이즈

- 초콜릿 100g
- 생크림 50㎖

[레시피]

1. 믹싱 볼에 버터를 넣어 크림화 될 때까지 핸드 믹서로 섞는다. 슈거 파우더를 3회에 걸쳐 첨가하면서 크림화 될 때까지 더 섞어준다.
2. **1**에 미리 풀어둔 달걀물을 3회에 걸쳐 넣어주고, 넣을 때마다 핸드 믹스로 잘 젓는다.
3. 박력분과 베이킹파우더를 함께 체에 걸러 **2**에 첨가한 후 고무 스패출러로 전체를 섞어준다. 그리고 우유와 바닐라 에센스를 넣어 균일해질 때까지 섞는다.
4. 팬의 바닥과 측면에 오븐 시트를 깔고 **3**의 반죽을 흘려 넣어준 뒤 윗면을 평평하게 해 170℃로 예열한 오븐에서 50분 정도 굽는다. 반죽을 나무 꼬치로 찔렀을 때 아무것도 묻어나오지 않는다면 다 구워진 것이다. 팬에서 꺼낸 다음 망에 올려 식힌 후 가로 3등분으로 잘라준다.
5. 작은 냄비에 달걀노른자, 그래뉴당, 옥수수 전분을 넣어 핸드 믹서로 섞는다. 우유를 첨가해 약불에 올린다. 고무 스패출러로 잘 섞으면서 가열하고 찰기 있는 크림이 되었을 때 불을 끈다. 바닐라 에센스를 넣어 저은 뒤 식으면 **4**의 한 면에 고루 발라주고 빵과 크림을 겹겹이 쌓아 올린다.
6. 믹싱 볼에 글레이즈 재료를 넣어 중탕해서 섞고, 크림화 되었을 때 **5**의 위에 발라준다.

Bumbleberry pie

범블베리 파이 → p.26-27

바삭한 아메리칸 파이 반죽에 새콤달콤한 베리를 한껏 올린 전통 믹스트 베리 파이예요.
블루베리나 라즈베리 같은 베리 종류 외에 사과, 루바브를 매칭시켜도 좋습니다.

[재료]

직경 18cm의 파이 팬 1개 분량

A
- 중력분 250g
  ※ 냉장고에 식혀둔다.
- 그래뉴당 2작은술
- 소금 $\frac{1}{4}$작은술

옥수수 전분 20g
블루베리 1컵
라즈베리 1컵
스트로베리 1컵
달걀노른자 1개 분량
버터 100g
그래뉴당 100g
레몬즙 1작은술
냉수 80㎖
물 1작은술

※ 냉동 베리를 사용하는 경우에는 체에 올려 충분히 해동한 후 여분의 수분을 제거해 사용한다.

[레시피]

1 **A** 재료를 믹싱 볼에 담고 고무 스패출러로 섞는다. 버터는 1cm 크기로 네모나게 잘라 **A**와 함께 푸드 프로세서에 넣어 고루 배합한다.
2 **1**에 냉수를 넣고 포크를 사용해 한 덩어리로 뭉쳐준다. 이때, 반죽이 너무 되지 않도록 주의한다.
3 반죽을 2등분 해 직경 15cm의 원반 모양으로 만들고 랩으로 감싸 냉장고에서 2시간 정도 휴지한다.
4 믹싱 볼에 준비한 베리들과 그래뉴당을 함께 넣어 버무린 다음 1시간 정도 둔다. 옥수수 전분과 레몬즙을 첨가해 잘 섞어준다.
5 **3**을 반죽판으로 옮긴다. 반죽이 들러붙지 않도록 박력분(분량 외)을 뿌리고, 밀대로 파이 팬보다 크게 원반 모양(두께 5mm)으로 밀어준다. 한 장은 파이 팬에 깔고, 다른 한 장은 폭 2cm의 기다란 끈 모양으로 자른다.
6 반죽을 깐 파이 팬에 **4**를 고루 넣어주고, 위에서부터 끈 모양의 반죽을 격자 모양으로 교차해 놓아준 뒤 반죽 끝을 포크로 눌러 고정한다. 달걀노른자를 물 1작은술과 섞어 잘 풀어주고, 반죽 표면에 브러시를 사용해 얇게 바른다. 마지막으로 그래뉴당(분량 외)을 전체에 고루 뿌려준다.
7 200℃로 예열한 오븐에서 20분 굽는다. 한 번 꺼낸 후 가장자리가 타지 않도록 둘레에 알루미늄 포일을 한 바퀴 정도 감싸주고 180℃로 온도를 낮춘 오븐에 추가로 30분간 굽는다. 다 구워지면 열을 식힌 후 냉장고에서 하룻밤 재운다.

Briouates

브리우앗 → p.28-29

아몬드 등의 견과류 앙금을 필로 반죽(중동이나 지중해 지방의 파이 반죽)으로 감싸
기름에 튀기고 꿀에 푹 적신 뒤 참깨를 뿌려 완성하는 튀김 과자.
필로 반죽 대신 시중에서 파는 춘권피를 사용하면 가정에서도 손쉽게 만들 수 있답니다.
고기나 치즈를 앙금으로 만들어 튀긴 것도 반찬으로 인기 만점!

[재료] 30개 분량

A
- 아몬드 150g
- 슈거 파우더 100g
- 버터 20g
- 시나몬 가루 1작은술
- 물 1큰술

춘권피 10장
꿀 100㎖
물 1큰술
풀(박력분, 물 각각 1작은술 섞은 것)
참깨 적당량
오렌지 에센스 약간
샐러드유 적당량

[레시피]

1 **A**의 재료를 푸드 프로세서에 넣어 잘게 다진 후 균일하게 섞는다. 믹싱 볼에 넣은 다음 물과 오렌지 에센스를 추가한 뒤 반죽해 촉촉한 앙금을 만든다.
2 **1**을 30등분으로 나누고 덩어리 모양으로 뭉쳐준다.
3 춘권피는 3등분 해 자른다. 춘권피에 **2**를 올리고 삼각형 모양으로 접어 감싼 뒤 가장자리에 풀을 발라 고정한다. ※ 약간의 틈이 있어도 상관없다.
4 **3**을 170℃로 가열한 샐러드유로 튀긴다. 색이 노릇노릇해지면 건져내 망에 올려 기름기를 빼준다.
5 작은 냄비에 꿀을 넣고 데운다. 살짝 보글보글하게 올라오는 정도가 되면 불에서 내린다.
6 **4**를 2~3개씩 따뜻한 꿀에 가볍게 적셔준 다음 밧드에 나란히 올린다. 마지막으로 참깨를 골고루 뿌려 완성한다.

Victoria sandwich

빅토리아 샌드위치 → p.30-31

빅토리아 여왕이 즐겨 먹던 영국을 대표하는 디저트입니다.
소박하고 심플한 재료로 만들 수 있는 게 특징이죠.
단단한 질감의 스펀지 반죽에 라즈베리 잼 등을 매칭시킨 이 케이크는
애프터눈 티 메뉴로 사람들에게 꾸준히 사랑받고 있답니다.

[재료]

직경 15cm의 원형 팬 1개 분량

박력분 200g
슈거 파우더 150g
베이킹파우더 5g
달걀 3개
버터 150g
※ 버터는 실온에 두어 부드럽게 만든다.
라즈베리 잼 150g
우유 50㎖

마무리용
└ 슈거 파우더 적당량

[레시피]

1 믹싱 볼에 버터를 넣고 핸드 믹서로 크림화 될 때까지 잘 섞는다. 슈거 파우더를 3회에 걸쳐 첨가하고, 넣을 때마다 폭신한 크림이 되게끔 잘 섞어준다.

2 **1**에 곱게 푼 달걀을 3회에 걸쳐 첨가한다. 넣을 때마다 핸드 믹서로 잘 섞는다.

3 박력분과 베이킹파우더를 함께 체에 거른 뒤 **2**에 넣어 고무 스패출러로 자르듯이 전체를 고루 섞는다. 마지막으로 우유를 첨가해 균일한 농도가 될 때까지 저어준다.

4 팬의 바닥과 측면에 오븐 시트를 깔고 **3**의 반죽을 흘려 넣은 뒤 윗면을 고르게 한 다음 170℃로 예열한 오븐에서 50분 정도 굽는다. 반죽을 나무 꼬치로 찔렀을 때 아무것도 묻어나오지 않으면 다 구워진 것이다. 팬에서 꺼낸 후 망에 올려 식혀준다.

5 가로 3등분으로 자르고, 아래의 반죽 두 장에 라즈베리 잼을 바른다. 반죽을 겹겹이 쌓은 후 윗면에 슈거 파우더를 살짝 뿌려준다.

Belgian bun

벨지언 번 → p.32-33

듬뿍 올린 새하얀 아이싱과 드레인 체리로 포인트를 준 장미꽃 모양의 빵이에요. 시나몬 롤처럼 돌돌 만 빵 사이에 레몬 커드를 발라 새콤달콤함을 더했습니다. 벨지언이라는 이름을 하고 있지만, 벨기에와 무슨 관계가 있는지는 미스터리! 풍성하게 올라간 아이싱이 세계적으로 유명한 벨기에 화이트 맥주의 거품과 닮아서 벨지언이라는 이름이 붙여졌을지도 모릅니다.

[재료] 8개 분량

A

- 강력분 200g
- 달걀 1개
- 그래뉴당 30g
- 드라이이스트 3g
- 우유 90㎖
- 소금 한 꼬집

드레인 체리 8개

건포도 40g

버터 40g

※ 버터는 실온에 두어 부드럽게 만든다.

레몬 커드 40g

B

- 슈거 파우더 150g
- 달걀흰자 30g
- 레몬즙 $\frac{1}{4}$작은술

[레시피]

1. 믹싱 볼에 **A**의 재료를 넣고 고무 스패출러로 잘 섞는다. 전체적으로 잘 섞였으면, 버터를 첨가해 섞어준다.
2. 반죽이 뭉쳐질 때쯤 반죽판에 올려 15분 정도 더 반죽한다. 반죽이 부드러워지면 동그랗게 뭉쳐 다시 믹싱 볼에 넣고 랩을 씌워 약 30℃의 공간에서 1시간 정도 발효시킨다.
3. 반죽 크기가 약 2배 정도가 되었을 때 손바닥으로 눌러 가스를 빼준 후 동그랗게 뭉친다. 물기를 꼭 짠 헝겊을 덮어 30분 휴지시킨다.
4. **3**의 반죽을 사방으로 24cm가 되도록 밀어준 뒤 표면에 레몬 커드를 바르고, 건포도를 균일하게 뿌린다. 가장자리부터 반죽을 돌돌 말다가 끝나는 지점에 브러시를 사용해 물(분량 외)을 발라 단단히 고정한다.
5. **4**를 가로 8등분으로 자른 후 자른 단면이 위로 오도록 하여 오븐 시트를 깐 팬 위에 나란히 올려준다. 여유 있게 랩을 씌워 약 30℃의 공간에서 30분 휴지한다.
6. **5**를 180℃로 예열한 오븐에 넣어 20분간 굽는다. 다 구워지면 망에 올려 식힌다.
7. 믹싱 볼에 **B**의 재료를 넣어 잘 섞는다. 윤기가 돌면 **6** 위에 듬뿍 발라주고 드레인 체리를 장식해 마무리한다.

Bosshe bol

보쉬 볼

→ p.34-35

네덜란드 남부 지역에서 탄생해 국민에게 사랑받는 인기 디저트.
직경 12cm 정도의 커다란 슈 반죽에 휘핑크림을 풍성하게 채우고,
전체를 초콜릿으로 코팅하면 시선을 확 사로잡는 비주얼의 디저트가 완성돼요.
원조 보쉬 볼은 사이즈가 너무 크기 때문에 그보다 살짝 작게 만드는 것을 추천합니다.

[재료] 6개 분량

박력분 100g
달걀 3개
초콜릿 300g
버터 75g
그래뉴당 30g
생크림 300㎖
물 150㎖
소금 한 꼬집

[레시피]

1 냄비에 물과 버터를 넣고 약불에 올린다. 버터가 녹으면 박력분과 소금을 첨가해 고무 스패출러로 빠르게 반죽하듯 섞고, 뭉쳐지면 불에서 내린다.
2 **1**에 곱게 푼 달걀을 4회에 걸쳐 넣고, 윤택이 날 때까지 고무 스패출러로 잘 섞어준다.
3 **2**를 둥근 깍지(10mm)의 짤주머니에 넣는다. 팬에 오븐 시트를 깔고, 간격을 띄워 직경 6cm로 짜준다. 분무기를 사용해 표면을 물로 적신다.
4 **3**을 200℃로 예열한 오븐에 20분간 굽고, 다시 160℃로 온도를 낮춰 10분간 더 구워준다. 다 구워지면 망에 올려 식힌다.
5 생크림에 그래뉴당을 첨가해 단단한 질감으로 거품을 낸 후 둥근 깍지(8mm)의 짤주머니에 넣는다. **4**의 밑면을 찔러 휘핑크림을 채워준다.
6 믹싱 볼에 초콜릿을 넣어 중탕한 후 잘 섞는다. 매끄럽게 크림화 되면 **5**의 윗면부터 측면까지 듬뿍 초콜릿을 바른다. 약 30분간 냉장고에 넣어 차게 굳힌다.

Buchteln

부흐텔른 → p.36-37

오스트리아의 디저트 빵. 자그맣게 하나씩 떼어낸 반죽 속을
조밀한 질감의 과일 잼으로 꽉 채우고 하나씩 찢어먹을 수 있도록 구워냈습니다.
오스트리아 빈 카페에서는 갓 구워내 몽실몽실함이 살아있는 부흐텔른을 따뜻한 상태로 즐겨 먹고 있습니다.
이 책에서는 팥 앙금을 좋아하는 저자의 취향에 따라 잼 대신에 거친 팥 앙금을 사용했습니다.

3

[재료] 21×21cm의 정사각형 베이킹틀 1개 분량

A
- 중력분 200g
- 달걀(상온) 1개
- 그래뉴당 50g
- 드라이이스트 3g
- 우유(상온) 90㎖

팥앙금(거친 것) 320g
버터 50g
※ 실온에 두어 부드럽게 만든다.
녹인 버터 50g
슈거 파우더 적당량

[레시피]

1. 믹싱 볼에 **A**의 재료를 넣고 가루가 보이지 않을 때까지 섞는다. 반죽판으로 옮겨 부드러워질 때까지 잘 반죽한다. 버터를 첨가해 치대준 뒤 반죽이 들러붙지 않도록 박력분(분량 외)을 뿌리면서 매끄럽고 윤기가 날 때까지 잘 반죽한다.
2. 반죽을 믹싱 볼에 넣고 젖은 헝겊을 씌워 약 30℃의 공간에 1시간 정도 두어 1차 발효 시킨다.
3. 반죽의 가스를 빼고 16등분으로 나눈다. 하나씩 둥글게 뭉쳐준 뒤 손바닥으로 평평하게 눌러주고, 가운데에 팥앙금을 올려 동그랗게 말아 감싼다.
4. 베이킹 틀에 오븐 시트를 깔고 반죽의 매듭 지은 부분이 밑으로 오도록 해서 일정 간격을 띄워 나란히 올린다. 브러시에 녹인 버터를 묻혀 반죽 표면에 고루 발라준다. 약 30℃의 공간에 1시간 정도 두어 2차 발효한다.
5. 기포 없이 부풀어 오른 반죽 표면에 다시 한번 브러시로 녹인 버터를 바르고, 180℃로 예열한 오븐에서 25분간 굽는다.
6. 다 구워지면 틀과 분리해 망에 올려 열을 식힌다. 마지막으로 슈거 파우더를 뿌려 마무리한다.

Bourdelot

부르들로 → p.38-39

프랑스 노르망디 지방의 전통 디저트, 부르들로.
파이 반죽으로 사과를 통째로 감싸 오븐에서 고소하게 구워낸 소박한 매력이 있죠.
동글동글한 사랑스러운 모양의 부르들로를 한 입 먹으면 바삭바삭한 반죽과 그 안에 들어간 사르르 녹는 사과 맛을 느낄 수 있어요.
특히, 중독성 있는 달콤한 사과의 맛이 일품입니다.

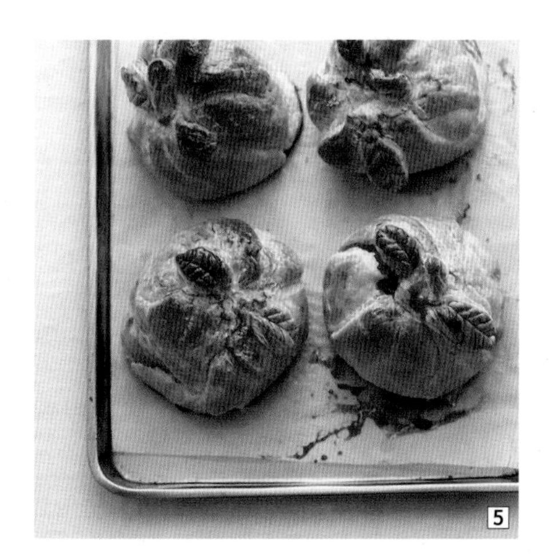

[재료] 4인 분량

파이 반죽(냉동 파이 시트 18×18cm) 4장
사과 4개
달걀노른자 1개 분량
버터 20g
그래뉴당 2큰술
시나몬 가루 2작은술
물 1작은술

[레시피]

1 사과는 껍질을 벗기고 밑이 뚫리지 않도록 꼭지와 가운데 심을 파낸다.
2 파낸 부분에 버터와 그래뉴당, 시나몬 가루를 채운다.
3 파이 반죽의 네 모서리를 동그라미 모양으로 잘라내고, **2**를 파이 반죽 가운데에 올려 주름을 잡아주며 위에서 매듭을 짓는다. 잘라낸 파이 반죽으로 잎사귀와 꼭지를 만들어 장식한다.
4 팬에 오븐 시트를 깔고, 간격을 띄워 **3**을 나란히 올린다. 달걀노른자를 물에 잘 풀어주고 브러시를 사용해 반죽 표면에 얇게 바른다.
5 180℃로 예열한 오븐에서 45분 정도 굽는다.
6 다 구워지면 그릇에 옮겨 담은 뒤 취향에 맞게 바닐라 아이스크림이나 휘핑크림을 곁들여 먹는다.

Bear claw

베어 클로 → p.40-41

미국의 도넛 매장에서 볼 수 있는 베어 클로는 야구 글로브처럼 사이즈가 무척 커요.
그리즐리 베어의 발바닥을 떠올리게 하는 비주얼이 특징이죠.
이 책에서는 가정에서도 간단하게 만들 수 있도록 아기곰 발바닥 크기의 베어 클로를 만들어 보았어요.
발효시킨 반죽 안을 애플 필링으로 가득 채워 튀겨주고, 허니 글레이즈를 전체적으로 듬뿍 발랐습니다.

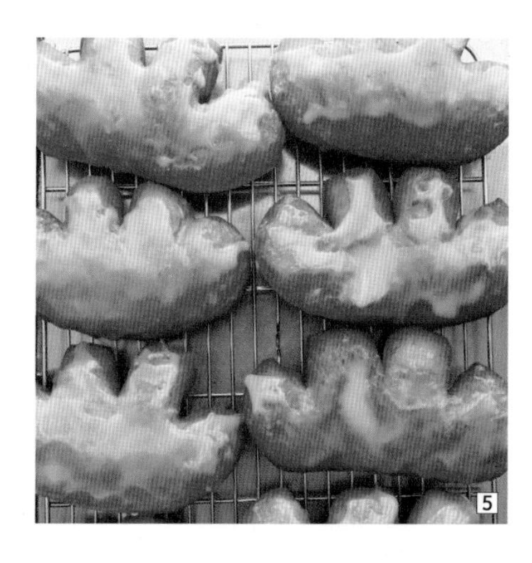

[재료] 8개 분량

필링
- 사과 1개
- 그래뉴당 20g
- 버터 15g
- 생크림 1큰술
- 시나몬 가루 1작은술

반죽
- 강력분 250g
- 달걀 1개
- 버터 30g
  ※ 버터는 실온에 두어 부드럽게 만든다.
- 그래뉴당 30g
- 드라이이스트 3g
- 우유 120㎖
- 소금 한 꼬집

허니 글레이즈
- 슈거 파우더 50g
- 꿀 2큰술
- 생강즙 1작은술
- 레몬즙 1작은술

[레시피]

1 사과는 껍질을 벗겨 8등분 해 반달 모양으로 자른 후 심을 제거한다. 프라이팬에 사과와 그래뉴당, 버터를 넣고 중불에 익힌다. 사과가 캐러멜 색으로 변할 때까지 잘 익혀준 뒤 생크림, 시나몬 가루를 첨가해 섞은 다음 불을 끄고 충분히 식혀둔다.

2 믹싱볼에 반죽 재료를 넣고 고무 스패출러로 잘 섞는다. 반죽이 뭉쳐지면 반죽판에 올려 15분 정도 고루 반죽한다. 반죽이 부드러워졌을 때 동그랗게 뭉쳐 다시 볼에 넣은 다음, 랩을 씌워 약 30℃의 공간에서 1시간 정도 발효시킨다.

3 **2**의 반죽 크기가 약 2배 정도가 되면 손바닥으로 눌러 가스를 빼주고 8등분 한다. **1**의 필링을 반죽으로 감싸 직사각형으로 만들어준 뒤 여유 있게 랩을 씌워 약 30℃의 공간에 30분간 둔다. 30분 뒤 주방 가위로 반죽 세 군데에 칼집을 넣어준다.

4 170℃로 가열한 샐러드유(분량 외)에 튀긴다. 노릇하게 색이 올라오면 기름을 제거하고 망에 올린다.

5 허니 글레이즈의 재료를 작은 냄비에 넣어 약불에 올리고 잘 섞어주며 가열한다. 페이스트 상태가 되면 식기 전에 **4**에 듬뿍 바르고, 망에 올려 굳을 때까지 잠시 둔다.

Beerawecka

베라베카 → p.42-43

일명 '빵 드 푸아흐' 라고 불리는 프랑스 알자스 지방의 크리스마스 디저트.
배를 비롯한 다채로운 말린 과일과 견과류를 소량의 반죽과 섞은 토핑 가득한 디저트입니다.
얇게 잘라 하루하루 깊어지는 풍미를 오랫동안 즐길 수 있습니다.

[재료] 1개 분량

A
- 건포도 80g
- 말린 무화과 80g
- 말린 살구 80g
- 럼주 60㎖
- 브랜디 60㎖

배 2개
아몬드(무첨가로 볶은 것) 60g
호두(무첨가로 볶은 것) 60g
키르슈바서 50㎖
버터 10g
정향 분말 1g

B
- 강력분 50g
- 황설탕 5g
- 드라이이스트 1g
- 소금 1g
- 물 35㎖

C
- 황설탕 50g
- 물 50㎖

[레시피]

1 보존 용기에 **A**의 재료를 넣어 3일 정도 재워둔다.

2 배는 세로로 6등분 해 껍질을 벗기고 가운데 심을 제거한 뒤 2.5cm 크기로 깍둑썰기 한다. 오븐 시트를 깔아놓은 팬에 펼쳐 올리고 130℃로 예열한 오븐에서 1시간 30분 정도 굽는다. 다 구워지면 망에 올려 식혀준 후 밀폐 유리병에 넣고 키르슈바서에 담가 하룻밤 재운다.

3 볼에 **B**의 재료를 넣고 나무 스패출러로 잘 섞는다. 버터를 첨가해 치댄 후 반죽판으로 옮겨 부드러워질 때까지 고루 반죽한다. 완성된 반죽을 볼에 넣고 젖은 헝겊을 덮어 약 30℃의 공간에서 1시간 정도 발효시킨다.

4 아몬드와 호두는 반으로 자른다.

5 **1**과 **2**의 수분을 충분히 제거한 후 볼에 넣고 **4**와 정향 분말을 첨가해 함께 섞는다. **3**의 반죽을 잘게 뜯어 넣어주고, 전체적으로 아우러지도록 잘 섞어 뭉친다. 오븐 시트를 깐 팬 위에 올리고 리스 모양으로 만든다.

6 150℃로 예열한 오븐에서 1시간 정도 굽는다. 그동안 작은 냄비에 **C**를 넣어 불에 올리고, 황설탕이 녹으면 불에서 내린 뒤 열을 식힌다.

7 빵이 다 구워지면 식기 전에 완성된 시럽을 브러시에 묻힌 뒤 빵 표면에 고루 발라준다.

Beigli

베이글리 → p.44-45

헝가리 전통의 크리스마스 디저트예요.
포피 씨드 앙금 외에 호두 앙금도 자주 등장하죠.
헝가리에서는 가정마다 전수되는 레시피가 있어,
크리스마스 시즌에 가족이나 친척들이 다 함께 모여 먹는 케이크로랍니다.

3

[재료] 2개 분량

A
- 박력분 250g
- 달걀노른자 1개 분량
- 드라이이스트 3g
- 그래뉴당 1큰술
- 우유 80㎖
- 소금 한 꼬집

B
- 간 사과 $\frac{1}{2}$개
- 포피 씨드 100g
- 그래뉴당 80g
- 건포도 50g
- 빵가루 50g
- 우유 80㎖
- 꿀 1큰술

달걀노른자 1개 분량
버터 100g
※ 버터는 실온에 두어 부드럽게 만든다.

[레시피]

1 믹싱 볼에 **A**의 재료를 넣고 고무 스패출러로 가루가 보이지 않을 때까지 섞는다. 반죽판에 올려 부드러워질 때까지 반죽한다. 버터를 첨가해 치댄 뒤 반죽이 들러붙지 않도록 박력분(분량 외)을 뿌리면서 매끄럽고 윤기가 나는 반죽을 만든다. 다시 믹싱 볼에 넣고 젖은 헝겊을 덮어 약 30℃의 공간에서 1시간 정도 발효시킨다.

2 **B**의 재료를 냄비에 넣고 약불에 올린다. 냄비 바닥에 눌어붙지 않도록 섞어주며 졸인다. 잼 상태가 되면 불을 끄고 식혀둔다.

3 **1**을 반죽판에 올려 충분히 가스를 뺀 다음 2등분 하고, 밀대를 사용해 세로 20cm, 가로 18cm가 되도록 밀어준다. 표면에 **2**를 펼쳐 바른 후 반죽을 끝에서부터 돌돌 말고, 끝나는 부분에는 브러시로 물을 발라 단단히 고정한다. 반죽의 양 끝은 손으로 꼬집어 매듭을 짓는다. 같은 방법으로 한 개를 더 만든다.

4 팬에 오븐 시트를 깔고 **3**을 올린다. 달걀노른자를 풀어 브러시로 반죽 윗면에 발라준다. 윗면을 균일하게 꼬치로 찔러 촘촘한 구멍을 낸다. 냉장고에서 30분 정도 휴지시킨다.

5 180℃로 예열한 오븐에서 30분 정도 굽는다. 다 구워지면 망에 올려 식힌다. 1.5cm의 두께로 잘라 먹는다.

Bona sable

보나 사블르 → p.46-47

바삭하게 부서지는 식감과 버터 풍미가 매력적인 클래식한 사블르.
반려묘를 모티브로 한 틀을 사용해 만든 사블르는 항상 테이블 위에 올려두고 싶어지는 쿠키입니다.
배합이나 베이킹 정도에 살짝 변화를 주는 것만으로 달라지는 풍미가 꼭 변덕쟁이 고양이와 닮았어요.
질리지 않는 맛과 함께 오랫동안 곁에서 즐길 수 있습니다.

[재료] 4인 분량

박력분 300g
베이킹파우더 5g
달걀 2개
그래뉴당 120g
버터 100g
※ 버터는 실온에 두어 부드럽게 만든다.
소금 약간
바닐라 에센스 약간

[레시피]

1 믹싱 볼에 버터를 넣고 거품기로 크림화 될 때까지 잘 섞는다. 그래뉴당을 첨가해 색이 하얘질 때까지 더 섞어준다.
2 달걀을 풀고 **1**에 조금씩 첨가하면서 거품기로 잘 섞고, 균일하게 섞이면 소금과 바닐라 에센스를 넣어 가볍게 섞어준다.
3 박력분과 베이킹파우더를 함께 체에 내린 후 **2**에 넣고 고무 스패출러로 자르듯이 섞는다.
4 **3**의 반죽을 비닐 등에 넣어 손으로 1cm 두께로 평평하게 펴준다. 냉장고에서 1시간 정도 휴지하고 차게 식혀 굳힌다.
5 반죽을 반죽판에 올리고 반죽이 들러붙지 않도록 박력분(분량 외)을 뿌려 밀대로 5~7mm의 두께로 밀어준 다음 틀로 모양을 낸다. 남은 반죽도 뭉친 후 똑같이 모양을 낸다.
6 팬에 오븐 시트를 깔고 간격을 띄워 **5**를 나란히 올린다. 190℃로 예열한 오븐에서 10분 굽고, 다시 160℃로 온도를 낮춰 3분 정도 굽는다. 다 구워지면 망에 올려 식힌다.

보나의 열두 달

January

말끔히 블랙 보타이를 하고선
혀를 낼름!

February

평소에는 건식 냥이 사료를 먹어요.

March

물고기를 닮은 인테리어 소품과
함께 있어 흡족한 얼굴.

April

달걀을 지켜주는 보나.

May

비가 오는 날에는
여유롭게 느긋한 시간을 보내요.

June

크림 소다의 톡톡 튀는 소리를 듣고
체리를 물끄러미 바라봐요.

July

옥수수와 보나는 수염 친구!

August

복숭아처럼 과일 캡 모자 써보기.

September

포도도 보나의 맛있는 디저트 친구랍니다.

October

가을에 만난 자그마한 아기 냥이, 키지마루.

November

따끈따끈 군고구마와
뜨거운 음식은 잘 못 먹는 보나.

December

크리스마스 리스로 완성된
바브카 군과 함께.

히구치 마사키

미술 대학을 졸업한 뒤 IT 기업 디자인 부서에서 근무했다. 2008년부터 시작한 요리 블로그가 계기가 되어 취미였던 요리에 빠져들었다. 2011년부터는 요리 연구가로서 활동을 시작, 레시피 개발 외에 식품 기업의 인터넷 커뮤니케이션 크리에이티브 활동도 펼치고 있다. 저서로는 〈야채 소스로 만드는 12개월 레시피〉, 〈One Plate DISHES 매일 먹고 싶은, 만들고 싶은 원플레이트 식사〉 등이 있다.

보나

2015년 12월생의 브리티쉬 숏헤어 여아로 2016년 4월에 히구치 씨 가족의 일원이 되었다. SNS에 올라오는 일상 요리 사진에 빼꼼 등장해 포근함을 더해주는 존재. 평소 보나의 식사는 냥이 사료로 건식이 7, 습식이 3의 비율이다. 가끔 맛볼 수 있는 생참치는 보나가 가장 좋아하는 음식. 사람들이 먹는 디저트에는 전혀 흥미가 없어 거들떠보지도 않고 냄새도 관심이 없다.

북 디자인 요시무라 료, 마가라 카호 (Yoshi-des.)
촬영 히구치 마사키
교열 야마와키 세츠코
편집 다나카 카오루(문화 출판국)
일본어판 발행인 오오누마 스나오

역자 이미경

중앙대학교 일어학과를 졸업했으며, 2013년부터 삼성SDI, 삼성디스플레이, 삼성전자 인하우스에서 통 · 번역 활동을 하고 있다. 출간된 번역 도서로는 하라다 마리루의『철학수첩』등이 있다.

고양이 보나가 소개하는

세상 달콤한 홈메이드 디저트

초판 1쇄 인쇄 2019년 8월 29일
초판 1쇄 발행 2019년 9월 4일

지 은 이 히구치 마사키
옮 긴 이 이미경
펴 낸 이 권기대
펴 낸 곳 베가북스
총괄이사 배혜진
편 집 강하나, 박석현
디 자 인 박숙희
마 케 팅 황명석, 연병선

출판등록 2004년 9월 22일 제2015-000046호
주 소 (07269) 서울특별시 영등포구 양산로3길 9, 201호
주문 및 문의 (02)322-7241 팩스 (02)322-7242

ISBN 979-11-90242-07-3 13590

이 도서의 국립중앙도서관 출판예정도서목록(CIP)은 서지정보유통지원시스템 홈페이지(http://seoji.nl.go.kr)와
국가자료종합목록 구축시스템(http://kolis-net.nl.go.kr)에서 이용하실 수 있습니다. (CIP제어번호 : CIP2019032634)

홈페이지 www.vegabooks.co.kr
블로그 http://blog.naver.com/vegabooks.do
인스타그램 @vegabooks 트위터 @VegaBooksCo 이메일 vegabooks@naver.com